B-2
초등수학 계산법

10 · 분 · 의 · 비 · 법

10분
쉽게 배우는 초등 수학
계산법

학습수학 연구회 편

KB220563

Jw지원출판

2012년 3월 10일 초판 1쇄 발행
2020년 9월 10일 초판 4쇄 발행

발행처 주식회사 지원 출판
발행인 김진용
기획 디자인여우야

주 소 경기도 파주시 탄현면 검산로 472-3
전 화 031-941-4474
팩 스 0303-0942-4474

등록번호 406-2008-000040호

이 책의 구성과 특징

수학의 기초가 튼튼해지는 10분 계산법

계산은 수학의 기본으로 숫자에 대한 감각을 익히고 기초 계산 능력을 향상시킴으로써 수학 공부의 기초를 튼튼히 할 수 있습니다.

두뇌를 발달시키고 숫자에 대한 감각을 익혀주는 10분 계산법

아이가 계산을 하다보면 숫자에 대한 감각을 익히고 계산의 논리를 깨우치게 됩니다.

논리적이고 합리적인 사고력과 문제 해결력을 길러 주는 10분 계산법

수학을 잘하는 어린이는 머리가 좋아서 잘하는 것이 아니라 수학의 계산법의 기술을 터득하여 잘하는 것입니다.

계산의 논리를 깨우치게 하는 10분 계산법

계산은 아이의 뇌를 자극하여 두뇌를 발달시킵니다. 그러다보면 집중력이 향상되어 공부의 습관이 길러집니다.

성취감을 알게 하는 10분 계산법

집중력이 향상되는 학습습관을 기르다보면 다른 공부까지 잘하게 되는 현상이 이어집니다.

스스로 공부하게 되는 10분 계산법

'10분 계산법'은 초등수학을 01~90단계로 기초-실력-완성편으로 단계별 능력별 학습법으로 구성되이 있습니다. 각 단계마다 8회의 반복 학습으로 충분히 연습할 수 있도록 하여 아이 스스로 공부할 수 있게 하였습니다.

차례

이 · 렇 · 게 · 지 · 도 · 해 · 주 · 세 · 요

1. 아이의 능력에 맞는 단계에서 시작합니다.

    '10분 계산법'은 실력에 따라 단계별로 구성된 교재입니다.

    학년이나 나이와 상관없이 아이의 수준에 따라 시작해주십시오. 그래야 아이가 공부에 대해 성취감과 자신감을 갖게 됩니다. 처음부터 어려움을 느낀다면 아이가 흥미를 잃게 됩니다.

2. 규칙적으로 꾸준히 공부하도록 분위기를 만들어 줍니다.

    올바른 공부 방법은 규칙적으로 하는 것입니다. 하루도 빠짐없이 매일 10분씩이라도 정해진 분량을 공부하도록 합니다.

3. 계산 원리를 이해시키면 수학이 쉬워집니다.

    수학의 기본적인 원리를 이해해야만 논리적인 사고력을 키울 수가 있습니다. 기본적인 원리를 이해시켜야 아이가 흥미를 가지고 집중력을 기를 수가 있습니다.

4. 단원의 마지막 마다 나오는 성취 테스트에서 아이의 성취도를 확인해 주세요.

    성취 테스트에서 아이가 완전히 이해한 후 다음 단계로 넘어가 주세요. 능력에 맞는 학습 분량과 학습 시간을 체크해 가면서 학습 목표를 100% 달성하는 것이 중요합니다.

5. 문장 수학 논술 문제에서는 풀이 과정을 정확하게 적도록 해 주세요.

    계산 원리를 제대로 이해했는지 알 수 있도록 해 주는 것이 풀이 과정입니다.

6. 아이에게 칭찬과 격려를 해 주세요.

    아이는 자신감이 생겨야 집중력을 발휘할 수가 있습니다. 조금 부족하더라도 칭찬과 격려를 해주신다면 아이는 자신감이 생겨서 성적이 쑥쑥 오를 것 입니다.

B-2
초등수학 계산법

10 · 분 · 의 · 비 · 법

10분

쉽게 배우는 초등 수학

계산법

(주)지원출판

일과 십의 자리에서 받아올림이 있는

두 자리 수 × 한 자리 수(1)

지도 내용
• 곱셈을 하여 나온 수에 십의 자리 덧셈을 암산으로 할 수 있도록 반복 계산을 하도록 합니다.

풀이 내용

일의 자리 계산   십의 자리 계산

```
    1
  5 7          5 7
×   2        ×   2
_____       _____
      4      1 1 4
```

• 일의 자리에 7×2=14에서 4를 일의 자리에 쓰고, 5위에 작게 1을 씁니다.

• 십의 자리 5×2=10에서 10과 받아올린 수 1을 더하여 11이므로 십의 자리에 1과 백의 자리에 1을 씁니다.

두 자리 수 × 한 자리 수 (1)

36단계 종합 성적

참 잘했어요!	잘했어요!	열심히 했어요!
틀린 개수 0~2개	틀린 개수 3~5개	틀린 개수 6개 이상

● 학습 일정 관리표 ●

	정답수	오답수	공부한 날	확 인
36-01호				
36-02호				
36-03호				
36-04호				
36-05호				
36-06호				
36-07호				
36-08호				

• 엄마와 함께 공부하면서 아이가 직접 써 나가도록 지도해 주세요.

• 틀린 개수를 확인하고 왜 틀렸는지 다시 한번 내용을 확인해 주세요.

■ 다음 곱셈을 하시오.

❶
```
    5 7
  ×   5
```

❷
```
    7 7
  ×   7
```

❸
```
    2 3
  ×   5
```

❹
```
    2 3
  ×   7
```

❺
```
    2 7
  ×   5
```

❻
```
    6 9
  ×   6
```

❼
```
    8 3
  ×   8
```

❽
```
    3 6
  ×   3
```

❾
```
    7 8
  ×   6
```

❿
```
    3 3
  ×   8
```

⓫
```
    7 4
  ×   7
```

⓬
```
    9 4
  ×   5
```

재미있게 공부 하는 문장 수학 논술 문제	1. 수민이네 집에는 금붕어가 27마리가 살고 있는 어항이 6개 있습니다. 금붕어는 모두 몇 마리입니까?

다음 곱셈을 하시오.

❶
$$\begin{array}{r} 2\ 7 \\ \times\quad 5 \\ \hline \end{array}$$

❷
$$\begin{array}{r} 2\ 3 \\ \times\quad 7 \\ \hline \end{array}$$

❸
$$\begin{array}{r} 1\ 7 \\ \times\quad 6 \\ \hline \end{array}$$

❹
$$\begin{array}{r} 9\ 2 \\ \times\quad 8 \\ \hline \end{array}$$

❺
$$\begin{array}{r} 8\ 3 \\ \times\quad 9 \\ \hline \end{array}$$

❻
$$\begin{array}{r} 7\ 9 \\ \times\quad 2 \\ \hline \end{array}$$

❼
$$\begin{array}{r} 7\ 4 \\ \times\quad 4 \\ \hline \end{array}$$

❽
$$\begin{array}{r} 6\ 9 \\ \times\quad 2 \\ \hline \end{array}$$

❾
$$\begin{array}{r} 5\ 8 \\ \times\quad 3 \\ \hline \end{array}$$

❿
$$\begin{array}{r} 4\ 7 \\ \times\quad 4 \\ \hline \end{array}$$

⓫
$$\begin{array}{r} 3\ 9 \\ \times\quad 5 \\ \hline \end{array}$$

⓬
$$\begin{array}{r} 2\ 4 \\ \times\quad 6 \\ \hline \end{array}$$

식을 세워 보자! _____

정답 : ( )

■ 다음 곱셈을 하시오.

❶
```
    3 2
×     8
─────────
```

❷
```
    8 8
×     9
─────────
```

❸
```
    9 7
×     2
─────────
```

❹
```
    7 3
×     5
─────────
```

❺
```
    8 9
×     4
─────────
```

❻
```
    3 8
×     6
─────────
```

❼
```
    4 3
×     5
─────────
```

❽
```
    8 3
×     6
─────────
```

❾
```
    9 5
×     7
─────────
```

❿
```
    4 8
×     6
─────────
```

⓫
```
    5 3
×     5
─────────
```

⓬
```
    5 2
×     6
─────────
```

| 재미있게 공부 하는 문장 수학 논술 문제 | 2. 영훈이는 94쪽인 동화책을 읽고 있습니다. 영훈이가 동화책 3권을 읽었다면 모두 몇 쪽을 읽었을까요? |

■ 다음 곱셈을 하시오.

①

$$
\begin{array}{r}
6\ 4 \\
\times\quad 6 \\
\hline
\end{array}
$$

②

$$
\begin{array}{r}
5\ 5 \\
\times\quad 9 \\
\hline
\end{array}
$$

③

$$
\begin{array}{r}
5\ 2 \\
\times\quad 9 \\
\hline
\end{array}
$$

④

$$
\begin{array}{r}
4\ 7 \\
\times\quad 5 \\
\hline
\end{array}
$$

⑤

$$
\begin{array}{r}
4\ 5 \\
\times\quad 3 \\
\hline
\end{array}
$$

⑥

$$
\begin{array}{r}
3\ 3 \\
\times\quad 7 \\
\hline
\end{array}
$$

⑦

$$
\begin{array}{r}
3\ 6 \\
\times\quad 4 \\
\hline
\end{array}
$$

⑧

$$
\begin{array}{r}
4\ 5 \\
\times\quad 3 \\
\hline
\end{array}
$$

⑨

$$
\begin{array}{r}
2\ 6 \\
\times\quad 8 \\
\hline
\end{array}
$$

⑩

$$
\begin{array}{r}
2\ 8 \\
\times\quad 8 \\
\hline
\end{array}
$$

⑪

$$
\begin{array}{r}
1\ 5 \\
\times\quad 7 \\
\hline
\end{array}
$$

⑫

$$
\begin{array}{r}
1\ 9 \\
\times\quad 6 \\
\hline
\end{array}
$$

식을 세워 보자! _____

정답 : (   )

■ 다음 곱셈을 하시오.

❶

$$\begin{array}{r} 3\ 4 \\ \times\quad 6 \\ \hline \end{array}$$

❷

$$\begin{array}{r} 2\ 9 \\ \times\quad 4 \\ \hline \end{array}$$

❸

$$\begin{array}{r} 2\ 5 \\ \times\quad 7 \\ \hline \end{array}$$

❹

$$\begin{array}{r} 4\ 4 \\ \times\quad 4 \\ \hline \end{array}$$

❺

$$\begin{array}{r} 4\ 6 \\ \times\quad 3 \\ \hline \end{array}$$

❻

$$\begin{array}{r} 9\ 7 \\ \times\quad 3 \\ \hline \end{array}$$

❼

$$\begin{array}{r} 8\ 8 \\ \times\quad 7 \\ \hline \end{array}$$

❽

$$\begin{array}{r} 8\ 2 \\ \times\quad 8 \\ \hline \end{array}$$

❾

$$\begin{array}{r} 9\ 6 \\ \times\quad 8 \\ \hline \end{array}$$

❿

$$\begin{array}{r} 7\ 4 \\ \times\quad 5 \\ \hline \end{array}$$

⓫

$$\begin{array}{r} 7\ 4 \\ \times\quad 3 \\ \hline \end{array}$$

⓬

$$\begin{array}{r} 6\ 5 \\ \times\quad 4 \\ \hline \end{array}$$

재미있게 공부 하는 문장 수학 논술 문제	3. 유리는 동화책 22권을 가지고 있고, 수영이는 유리가 가진 동화책의 7배 만큼의 동화책을 가지고 있습니다. 수영이가 가지고 있는 동화책은 모두 몇 권 입니까?

다음 곱셈을 하시오.

❶
```
      2 6
  ×     9
  ───────
```

❷
```
      6 8
  ×     3
  ───────
```

❸
```
      7 2
  ×     6
  ───────
```

❹
```
      8 9
  ×     5
  ───────
```

❺
```
      9 3
  ×     4
  ───────
```

❻
```
      6 5
  ×     4
  ───────
```

❼
```
      5 4
  ×     4
  ───────
```

❽
```
      4 2
  ×     8
  ───────
```

❾
```
      3 8
  ×     4
  ───────
```

❿
```
      2 3
  ×     6
  ───────
```

⓫
```
      5 9
  ×     3
  ───────
```

⓬
```
      9 2
  ×     5
  ───────
```

식을 세워 보자! _____

정답 : (   )

■ 다음 곱셈을 하시오.

❶
```
    7 5
  ×   7
  ─────
```

❷
```
    2 7
  ×   4
  ─────
```

❸
```
    2 6
  ×   5
  ─────
```

❹
```
    9 6
  ×   6
  ─────
```

❺
```
    8 3
  ×   5
  ─────
```

❻
```
    1 6
  ×   8
  ─────
```

❼
```
    1 6
  ×   9
  ─────
```

❽
```
    1 6
  ×   7
  ─────
```

❾
```
    9 8
  ×   6
  ─────
```

❿
```
    9 6
  ×   7
  ─────
```

⓫
```
    9 6
  ×   2
  ─────
```

⓬
```
    2 5
  ×   4
  ─────
```

재미있게 공부 하는 문장 수학 논술 문제	4. 봉식이 아버지의 나이는 38세입니다. 증조할아버지는 봉식이 아버지보다 연세가 3배 더 많으십니다. 증조할아버지는 몇 세입니까?

■ 다음 곱셈을 하시오.

❶
```
    5 5
  ×   2
  -----
```

❷
```
    5 6
  ×   7
  -----
```

❸
```
    6 6
  ×   4
  -----
```

❹
```
    4 7
  ×   9
  -----
```

❺
```
    4 9
  ×   7
  -----
```

❻
```
    4 7
  ×   8
  -----
```

❼
```
    7 9
  ×   5
  -----
```

❽
```
    5 8
  ×   3
  -----
```

❾
```
    3 7
  ×   4
  -----
```

❿
```
    3 9
  ×   6
  -----
```

⓫
```
    8 3
  ×   7
  -----
```

⓬
```
    7 3
  ×   6
  -----
```

식을 세워 보자! _____

정답 : (   )

성취도 테스트 문제

■ 다음 곱셈을 하시오.

❶
```
  1 7
×   7
```

❷
```
  4 8
×   5
```

❸
```
  2 8
×   6
```

❹
```
  9 4
×   6
```

❺
```
  9 2
×   6
```

❻
```
  9 5
×   7
```

❼
```
  4 6
×   3
```

❽
```
  1 9
×   6
```

❾
```
  8 4
×   5
```

❿
```
  8 2
×   6
```

⓫
```
  3 8
×   4
```

⓬
```
  2 8
×   4
```

⓭
```
  7 8
×   2
```

⓮
```
  7 9
×   2
```

⓯
```
  4 6
×   7
```

⑯
$$\begin{array}{r} 3\ 7 \\ \times\quad 3 \\ \hline \end{array}$$

⑰
$$\begin{array}{r} 6\ 6 \\ \times\quad 3 \\ \hline \end{array}$$

⑱
$$\begin{array}{r} 6\ 3 \\ \times\quad 6 \\ \hline \end{array}$$

⑲
$$\begin{array}{r} 5\ 8 \\ \times\quad 3 \\ \hline \end{array}$$

⑳
$$\begin{array}{r} 4\ 6 \\ \times\quad 7 \\ \hline \end{array}$$

㉑
$$\begin{array}{r} 5\ 7 \\ \times\quad 4 \\ \hline \end{array}$$

㉒
$$\begin{array}{r} 5\ 2 \\ \times\quad 6 \\ \hline \end{array}$$

㉓
$$\begin{array}{r} 6\ 5 \\ \times\quad 5 \\ \hline \end{array}$$

㉔
$$\begin{array}{r} 5\ 5 \\ \times\quad 9 \\ \hline \end{array}$$

테스트 결과표

성취도 테스트 문제는 앞 장의 공부가 끝나고 얼마나 정확하고 빠르게 습득했는 지를 알아보기 위한 확인과정의 테스트입니다.

아이가 무엇을 이해 못하는지 어느 부분에서 실수를 하는지 보완하고 잡아주기 위한 자료로 활용하시면 아이에게 큰 도움이 될 것입니다.

정답수	24문제	21문제	18문제	18문제 이하
성취도	아주 잘함	잘함	보통	부족함

※ 정답은 뒷장에 있습니다.

37단계 지·도·내·용

일과 십의 자리에서 받아올림이 있는
두 자리 수 × 한 자리 수(2)

지도 내용
- 곱셈을 하여 나온 수에 십의 자리 덧셈을 암산으로 할 수 있도록 반복 계산을 하도록 합니다.

풀이 내용

일의 자리 계산   십의 자리 계산

```
   1
  5 7            5 7
×   2          ×   2
    4          1 1 4
```

- 일의 자리에 7×2=14에서 4를 일의 자리에 쓰고, 5위에 작게 1을 씁니다.
- 십의 자리 5×2=10에서 10과 받아올린 수 1을 더하여 11이므로 십의 자리에 1과 백의 자리에 1을 씁니다.

36단계 성취도문제 정답	❶ 119 ❷ 240 ❸ 168 ❹ 564 ❺ 552 ❻ 665 ❼ 138 ❽ 114 ❾ 420 ❿ 492 ⓫ 152 ⓬ 112 ⓭ 156 ⓮ 158 ⓯ 322 ⓰ 111 ⓱ 198 ⓲ 378 ⓳ 174 ⓴ 322 ㉑ 228 ㉒ 312 ㉓ 325 ㉔ 495

36단계 문장 수학 논술 문제 정답	1. 식 27×6 답 162	2. 식 94×3 답 282	3. 식 22×7 답 154	4. 식 38×3 답 114

두 자리 수 × 한 자리 수(2)

37단계 종합 성적

참 잘했어요!	잘했어요!	열심히 했어요!
틀린 개수 0~2개	틀린 개수 3~5개	틀린 개수 6개 이상

● 학습 일정 관리표 ●

	정답수	오답수	공부한 날	확인
37-01호				
37-02호				
37-03호				
37-04호				
37-05호				
37-06호				
37-07호				
37-08호				

• 엄마와 함께 공부하면서 아이가 직접 써 나가도록 지도해 주세요.

• 틀린 개수를 확인하고 왜 틀렸는지 다시 한번 내용을 확인해 주세요.

■ 다음 곱셈을 하시오.

❶
```
    5 7
×     9
─────────
```

❷
```
    2 7
×     8
─────────
```

❸
```
    4 6
×     4
─────────
```

❹
```
    4 2
×     9
─────────
```

❺
```
    9 9
×     9
─────────
```

❻
```
    8 4
×     3
─────────
```

❼
```
    3 7
×     6
─────────
```

❽
```
    5 8
×     3
─────────
```

❾
```
    5 3
×     8
─────────
```

❿
```
    6 7
×     4
─────────
```

⓫
```
    6 9
×     4
─────────
```

⓬
```
    4 9
×     5
─────────
```

재미있게 공부 하는 문장 수학 논술 문제	5. 신발 공장에서 1명이 하루에 만들 수 있는 신발은 37켤레입니다. 그 공장에서 4명이 하루 동안 만들 수 있는 신발은 모두 몇 켤레입니까?

■ 다음 곱셈을 하시오.

❶
```
    4 3
  ×   7
```

❷
```
    3 4
  ×   4
```

❸
```
    9 3
  ×   7
```

❹
```
    5 9
  ×   2
```

❺
```
    8 5
  ×   4
```

❻
```
    2 4
  ×   8
```

❼
```
    7 5
  ×   3
```

❽
```
    9 3
  ×   4
```

❾
```
    8 8
  ×   7
```

❿
```
    5 6
  ×   7
```

⓫
```
    2 6
  ×   7
```

⓬
```
    2 7
  ×   9
```

식을 세워 보자! _____

정답 : (   )

■ 다음 곱셈을 하시오.

❶
```
    5 3
×     8
-------
```

❷
```
    4 4
×     4
-------
```

❸
```
    5 6
×     7
-------
```

❹
```
    9 8
×     8
-------
```

❺
```
    4 2
×     9
-------
```

❻
```
    6 9
×     5
-------
```

❼
```
    7 5
×     3
-------
```

❽
```
    9 7
×     3
-------
```

❾
```
    4 9
×     4
-------
```

❿
```
    5 7
×     7
-------
```

⓫
```
    7 6
×     3
-------
```

⓬
```
    2 7
×     9
-------
```

재미있게 공부
하는 문장 수학
논술 문제

6. 민수네 학교에서 4학년 8개의 반 학생들이 모여 체육대회를 하려고 합니다. 한 반의 학생이 29명이라면, 체육대회에 참여한 학생은 모두 몇 명입니까?

■ 다음 곱셈을 하시오.

1
```
    4 9
×     2
───────
```

2
```
    2 6
×     4
───────
```

3
```
    3 4
×     4
───────
```

4
```
    7 8
×     3
───────
```

5
```
    1 8
×     9
───────
```

6
```
    3 6
×     6
───────
```

7
```
    4 9
×     8
───────
```

8
```
    2 8
×     5
───────
```

9
```
    7 3
×     7
───────
```

10
```
    6 4
×     3
───────
```

11
```
    2 7
×     8
───────
```

12
```
    5 7
×     6
───────
```

식을 세워 보자! _____

정답 : (   )

■ 다음 곱셈을 하시오.

❶
```
    5 6
×     2
─────
```

❷
```
    9 4
×     3
─────
```

❸
```
    9 6
×     5
─────
```

❹
```
    7 6
×     3
─────
```

❺
```
    2 6
×     6
─────
```

❻
```
    6 6
×     7
─────
```

❼
```
    5 4
×     5
─────
```

❽
```
    2 9
×     8
─────
```

❾
```
    3 8
×     9
─────
```

❿
```
    5 3
×     5
─────
```

⓫
```
    4 6
×     9
─────
```

⓬
```
    5 8
×     4
─────
```

재미있게 공부 하는 문장 수학 논술 문제	7. 1층 주차장에 주차할 수 있는 차는 30대입니다. 6층까지 있다면 몇 대의 차를 주차할 수 있을까요?

■ 다음 곱셈을 하시오.

❶
```
    4 3
  ×   6
```

❷
```
    4 7
  ×   6
```

❸
```
    3 5
  ×   9
```

❹
```
    5 6
  ×   7
```

❺
```
    4 9
  ×   7
```

❻
```
    9 3
  ×   5
```

❼
```
    5 8
  ×   3
```

❽
```
    2 3
  ×   7
```

❾
```
    6 8
  ×   5
```

❿
```
    5 9
  ×   9
```

⓫
```
    8 2
  ×   9
```

⓬
```
    4 3
  ×   8
```

식을 세워 보자! _____

정답 : (   )

■ 다음 곱셈을 하시오.

❶
```
    5 5
  ×   5
```

❷
```
    3 8
  ×   4
```

❸
```
    7 3
  ×   6
```

❹
```
    1 7
  ×   7
```

❺
```
    8 5
  ×   6
```

❻
```
    4 6
  ×   6
```

❼
```
    4 8
  ×   6
```

❽
```
    8 8
  ×   8
```

❾
```
    2 7
  ×   4
```

❿
```
    9 7
  ×   8
```

⓫
```
    3 7
  ×   7
```

⓬
```
    6 9
  ×   4
```

재미있게 공부 하는 문장 수학 논술 문제	8. 피자 한 판은 8조각입니다. 피자가 76판이 있다면 모두 몇 조각일까요?

■ 다음 곱셈을 하시오.

❶
```
    9 6
  ×   4
  ─────
```

❷
```
    8 4
  ×   2
  ─────
```

❸
```
    3 7
  ×   5
  ─────
```

❹
```
    6 6
  ×   8
  ─────
```

❺
```
    3 8
  ×   7
  ─────
```

❻
```
    8 6
  ×   6
  ─────
```

❼
```
    9 8
  ×   7
  ─────
```

❽
```
    1 4
  ×   9
  ─────
```

❾
```
    7 2
  ×   5
  ─────
```

❿
```
    4 4
  ×   8
  ─────
```

⓫
```
    7 4
  ×   3
  ─────
```

⓬
```
    6 5
  ×   4
  ─────
```

식을 세워 보자! _____

정답 : (　　　　　　)

성취도 테스트 문제

■ 다음 곱셈을 하시오.

❶
$$\begin{array}{r} 5\ 6 \\ \times\quad 2 \\ \hline \end{array}$$

❷
$$\begin{array}{r} 5\ 5 \\ \times\quad 5 \\ \hline \end{array}$$

❸
$$\begin{array}{r} 9\ 7 \\ \times\quad 2 \\ \hline \end{array}$$

❹
$$\begin{array}{r} 6\ 2 \\ \times\quad 9 \\ \hline \end{array}$$

❺
$$\begin{array}{r} 5\ 6 \\ \times\quad 6 \\ \hline \end{array}$$

❻
$$\begin{array}{r} 5\ 6 \\ \times\quad 9 \\ \hline \end{array}$$

❼
$$\begin{array}{r} 4\ 2 \\ \times\quad 8 \\ \hline \end{array}$$

❽
$$\begin{array}{r} 1\ 3 \\ \times\quad 9 \\ \hline \end{array}$$

❾
$$\begin{array}{r} 7\ 4 \\ \times\quad 8 \\ \hline \end{array}$$

❿
$$\begin{array}{r} 4\ 8 \\ \times\quad 5 \\ \hline \end{array}$$

⓫
$$\begin{array}{r} 2\ 4 \\ \times\quad 6 \\ \hline \end{array}$$

⓬
$$\begin{array}{r} 3\ 6 \\ \times\quad 7 \\ \hline \end{array}$$

⓭
$$\begin{array}{r} 7\ 2 \\ \times\quad 6 \\ \hline \end{array}$$

⓮
$$\begin{array}{r} 8\ 2 \\ \times\quad 6 \\ \hline \end{array}$$

⓯
$$\begin{array}{r} 3\ 2 \\ \times\quad 8 \\ \hline \end{array}$$

⑯
```
   1 4
 ×   9
```

⑰
```
   2 7
 ×   5
```

⑱
```
   8 4
 ×   5
```

⑲
```
   9 3
 ×   7
```

⑳
```
   3 9
 ×   3
```

㉑
```
   2 7
 ×   5
```

㉒
```
   9 5
 ×   4
```

㉓
```
   9 4
 ×   4
```

㉔
```
   2 9
 ×   5
```

테스트 결과표

성취도 테스트 문제는 앞 장의 공부가 끝나고 얼마나 정확하고 빠르게 습득했는
지를 알아보기 위한 확인과정의 테스트입니다.
아이가 무엇을 이해 못하는지 어느 부분에서 실수를 하는지 보완하고 잡아주기
위한 자료로 활용하시면 아이에게 큰 도움이 될 것입니다.

정답수	24문제	21문제	18문제	18문제 이하
성취도	아주 잘함	잘함	보통	부족함

※ 정답은 뒷장에 있습니다.

38단계 지·도·내·용

일과 십의 자리에서 받아올림이 있는

세 자리 수 × 한 자리 수

지도 내용

• 세 자리 수와 한 자리 수의 곱셈도 두 자리 수와 한 자리 수의 계산 방식
과 같으므로 계산 숙달이 되도록 합니다.

풀이 내용

일의 자리 계산	십의 자리 계산	백의 자리 계산

일의 자리 계산

```
  1 2 4
×     5
      0
```

십의 자리 계산
```
    2
  1 2 4
×     5
    2 0
```

백의 자리 계산
```
  1
  1 2 4
×     5
  6 2 0
```

• 자연수의 범위 내에서 세 자리 수 × 한 자리 수의 계산은
두 자리 수 × 한 자리 수의 계산과 계산 방법은 같으며,
자리수만 늘어났을 뿐입니다.

37단계 성취도문제 정답

❶ 112 ❷ 275 ❸ 194 ❹ 558 ❺ 336 ❻ 504 ❼ 336 ❽ 117 ❾ 592 ❿ 240
⓫ 144 ⓬ 252 ⓭ 432 ⓮ 492 ⓯ 256 ⓰ 126 ⓱ 135 ⓲ 420 ⓳ 651 ⓴ 117
㉑ 135 ㉒ 380 ㉓ 376 ㉔ 145

37단계 문장 수학 논술 문제 정답

5. 식 37×4 답 148　　6. 식 8×29 답 232　　7. 식 30×6 답 180　　8. 식 76×8 답 608

일과 십의 자리에서 받아올림이 있는

세 자리 수 × 한 자리 수

38단계

기 | 초 | 편

38단계 종합 성적

참 잘했어요!	잘했어요!	열심히 했어요!
틀린 개수 0~2개	틀린 개수 3~5개	틀린 개수 6개 이상

● 학습 일정 관리표 ●

	정답수	오답수	공부한 날	확인
38-01호				
38-02호				
38-03호				
38-04호				
38-05호				
38-06호				
38-07호				
38-08호				

- 엄마와 함께 공부하면서 아이가 직접 써 나가도록 지도해 주세요.
- 틀린 개수를 확인하고 왜 틀렸는지 다시 한번 내용을 확인해 주세요.

■ 다음 곱셈을 하시오.

❶
$$\begin{array}{r} 1\ 3\ 2 \\ \times\qquad 7 \\ \hline \end{array}$$

❷
$$\begin{array}{r} 2\ 4\ 6 \\ \times\qquad 3 \\ \hline \end{array}$$

❸
$$\begin{array}{r} 1\ 2\ 4 \\ \times\qquad 5 \\ \hline \end{array}$$

❹
$$\begin{array}{r} 2\ 8\ 6 \\ \times\qquad 3 \\ \hline \end{array}$$

❺
$$\begin{array}{r} 1\ 7\ 7 \\ \times\qquad 4 \\ \hline \end{array}$$

❻
$$\begin{array}{r} 2\ 6\ 6 \\ \times\qquad 3 \\ \hline \end{array}$$

❼
$$\begin{array}{r} 2\ 3\ 5 \\ \times\qquad 4 \\ \hline \end{array}$$

❽
$$\begin{array}{r} 1\ 8\ 3 \\ \times\qquad 5 \\ \hline \end{array}$$

❾
$$\begin{array}{r} 2\ 5\ 4 \\ \times\qquad 3 \\ \hline \end{array}$$

❿
$$\begin{array}{r} 1\ 4\ 6 \\ \times\qquad 6 \\ \hline \end{array}$$

⓫
$$\begin{array}{r} 3\ 7\ 5 \\ \times\qquad 2 \\ \hline \end{array}$$

⓬
$$\begin{array}{r} 1\ 8\ 5 \\ \times\qquad 5 \\ \hline \end{array}$$

재미있게 공부 하는 문장 수학 논술 문제	9. 농장에 돼지가 185마리가 있고 돼지의 다리는 4개입니다. 농장에 있는 돼지의 다리는 모두 몇 개입니까?

■ 다음 곱셈을 하시오.

❶
```
    1 6 4
  ×     5
```

❷
```
    1 7 7
  ×     5
```

❸
```
    2 4 5
  ×     4
```

❹
```
    2 7 9
  ×     3
```

❺
```
    2 4 5
  ×     4
```

❻
```
    3 6 5
  ×     2
```

❼
```
    1 8 4
  ×     5
```

❽
```
    3 8 8
  ×     2
```

❾
```
    2 4 8
  ×     3
```

❿
```
    2 4 3
  ×     4
```

⓫
```
    1 6 3
  ×     5
```

⓬
```
    1 8 4
  ×     4
```

식을 세워 보자! _____

정답 : (   )

■ 다음 곱셈을 하시오.

❶
```
    3 8 6
  ×     2
```

❷
```
    1 8 9
  ×     5
```

❸
```
    1 8 5
  ×     5
```

❹
```
    1 2 4
  ×     8
```

❺
```
    1 3 9
  ×     5
```

❻
```
    3 9 8
  ×     2
```

❼
```
    1 3 4
  ×     5
```

❽
```
    1 6 4
  ×     6
```

❾
```
    2 5 4
  ×     3
```

❿
```
    1 3 3
  ×     7
```

⓫
```
    2 4 4
  ×     3
```

⓬
```
    1 2 7
  ×     7
```

재미있게 공부
하는 문장 수학
논술 문제

10. 지수는 하루에 4쪽의 책을 읽었습니다. 지수가 179일 동안 책을 읽었다면, 지수가 읽은 책은 모두 몇 쪽입니까?

■ 다음 곱셈을 하시오.

❶
$$\begin{array}{r} 2\ 4\ 7 \\ \times\qquad 4 \\ \hline \end{array}$$

❷
$$\begin{array}{r} 2\ 6\ 6 \\ \times\qquad 3 \\ \hline \end{array}$$

❸
$$\begin{array}{r} 1\ 2\ 4 \\ \times\qquad 7 \\ \hline \end{array}$$

❹
$$\begin{array}{r} 1\ 2\ 4 \\ \times\qquad 6 \\ \hline \end{array}$$

❺
$$\begin{array}{r} 1\ 6\ 6 \\ \times\qquad 6 \\ \hline \end{array}$$

❻
$$\begin{array}{r} 1\ 8\ 4 \\ \times\qquad 5 \\ \hline \end{array}$$

❼
$$\begin{array}{r} 2\ 9\ 5 \\ \times\qquad 3 \\ \hline \end{array}$$

❽
$$\begin{array}{r} 2\ 3\ 4 \\ \times\qquad 3 \\ \hline \end{array}$$

❾
$$\begin{array}{r} 1\ 9\ 4 \\ \times\qquad 5 \\ \hline \end{array}$$

❿
$$\begin{array}{r} 2\ 0\ 9 \\ \times\qquad 4 \\ \hline \end{array}$$

⓫
$$\begin{array}{r} 4\ 8\ 4 \\ \times\qquad 2 \\ \hline \end{array}$$

⓬
$$\begin{array}{r} 2\ 0\ 3 \\ \times\qquad 4 \\ \hline \end{array}$$

식을 세워 보자! _____

정답 : (   )

■ 다음 곱셈을 하시오.

❶
```
    3 1 7
  ×     3
```

❷
```
    3 4 5
  ×     2
```

❸
```
    2 5 7
  ×     2
```

❹
```
    4 7 6
  ×     2
```

❺
```
    4 8 4
  ×     2
```

❻
```
    1 9 9
  ×     5
```

❼
```
    1 8 7
  ×     5
```

❽
```
    4 8 5
  ×     2
```

❾
```
    2 3 4
  ×     4
```

❿
```
    1 8 2
  ×     5
```

⓫
```
    2 3 6
  ×     4
```

⓬
```
    2 8 6
  ×     3
```

재미있게 공부
하는 문장 수학
논술 문제

11. 농구는 한 팀에 5명이 경기를 합니다. 농구 대회에 125팀이 참가
했다면, 농구 대회에 참여한 선수는 모두 몇 명입니까?

■ 다음 곱셈을 하시오.

❶
```
    2 6 5
  ×     3
```

❷
```
    1 9 4
  ×     5
```

❸
```
    4 9 3
  ×     2
```

❹
```
    1 3 9
  ×     6
```

❺
```
    2 3 8
  ×     3
```

❻
```
    2 5 4
  ×     3
```

❼
```
    2 4 7
  ×     4
```

❽
```
    2 8 8
  ×     3
```

❾
```
    2 4 6
  ×     4
```

❿
```
    3 1 7
  ×     3
```

⓫
```
    4 8 7
  ×     2
```

⓬
```
    3 6 6
  ×     2
```

식을 세워 보자! _____

정답 : (   )

■ 다음 곱셈을 하시오.

❶
```
    1 8 3
  ×     4
```

❷
```
    4 2 9
  ×     2
```

❸
```
    1 7 6
  ×     4
```

❹
```
    1 7 5
  ×     4
```

❺
```
    2 2 9
  ×     4
```

❻
```
    2 5 3
  ×     3
```

❼
```
    1 7 7
  ×     5
```

❽
```
    2 7 5
  ×     3
```

❾
```
    3 2 5
  ×     3
```

❿
```
    1 2 5
  ×     7
```

⓫
```
    1 8 5
  ×     5
```

⓬
```
    2 8 6
  ×     3
```

재미있게 공부 하는 문장 수학 논술 문제	12. 노란 색종이가 한 상자에 148장씩 들어 있습니다. 5상자에 들어 있는 색종이는 모두 몇 장입니까?

■ 다음 곱셈을 하시오.

①
$$\begin{array}{r} 2\ 9\ 6 \\ \times\qquad 3 \\ \hline \end{array}$$

②
$$\begin{array}{r} 1\ 3\ 8 \\ \times\qquad 6 \\ \hline \end{array}$$

③
$$\begin{array}{r} 3\ 9\ 8 \\ \times\qquad 2 \\ \hline \end{array}$$

④
$$\begin{array}{r} 2\ 2\ 9 \\ \times\qquad 4 \\ \hline \end{array}$$

⑤
$$\begin{array}{r} 1\ 9\ 4 \\ \times\qquad 5 \\ \hline \end{array}$$

⑥
$$\begin{array}{r} 4\ 6\ 7 \\ \times\qquad 2 \\ \hline \end{array}$$

⑦
$$\begin{array}{r} 3\ 0\ 9 \\ \times\qquad 3 \\ \hline \end{array}$$

⑧
$$\begin{array}{r} 2\ 4\ 5 \\ \times\qquad 4 \\ \hline \end{array}$$

⑨
$$\begin{array}{r} 1\ 8\ 8 \\ \times\qquad 5 \\ \hline \end{array}$$

⑩
$$\begin{array}{r} 2\ 4\ 3 \\ \times\qquad 4 \\ \hline \end{array}$$

⑪
$$\begin{array}{r} 1\ 8\ 2 \\ \times\qquad 5 \\ \hline \end{array}$$

⑫
$$\begin{array}{r} 3\ 1\ 8 \\ \times\qquad 3 \\ \hline \end{array}$$

식을 세워 보자! _____

정답 : (   )

■ 다음 곱셈을 하시오.

❶
```
    2 3 8
  ×     3
```

❷
```
    2 4 4
  ×     4
```

❸
```
    2 9 7
  ×     3
```

❹
```
    3 7 6
  ×     2
```

❺
```
    1 2 6
  ×     6
```

❻
```
    1 6 8
  ×     5
```

❼
```
    1 3 9
  ×     5
```

❽
```
    2 4 2
  ×     4
```

❾
```
    1 9 5
  ×     4
```

❿
```
    1 3 6
  ×     6
```

⓫
```
    1 7 3
  ×     5
```

⓬
```
    1 3 7
  ×     7
```

⓭
```
    1 4 9
  ×     4
```

⓮
```
    2 4 8
  ×     4
```

⓯
```
    1 2 1
  ×     8
```

⓰
```
    1 3 7
  ×     7
```

⓱
```
    1 4 9
  ×     4
```

⓲
```
    2 4 8
  ×     4
```

⓳
```
    4 8 4
  ×     2
```

⓴
```
    2 9 6
  ×     3
```

㉑
```
    1 7 9
  ×     3
```

㉒
```
    3 9 8
  ×     2
```

㉓
```
    2 4 8
  ×     3
```

㉔
```
    2 7 6
  ×     3
```

테스트 결과표

성취도 테스트 문제는 앞 장의 공부가 끝나고 얼마나 정확하고 빠르게 습득했는지를 알아보기 위한 확인과정의 테스트입니다.

아이가 무엇을 이해 못하는지 어느 부분에서 실수를 하는지 보완하고 잡아주기 위한 자료로 활용하시면 아이에게 큰 도움이 될 것입니다.

정답수	24문제	21문제	18문제	18문제 이하
성취도	아주 잘함	잘함	보통	부족함

※ 정답은 뒷장에 있습니다.

나머지가 없는

두 자리 수 ÷ 한 자리 수

지도 내용
• 나머지가 없는 나눗셈은 곱셈 구구단의 범위에서 나눗셈의 몫을 구합니다. 구구단을 알고 있으면 쉽게 풀 수 있습니다.

풀이 내용
• 나머지가 없는 나눗셈은 곱셈 구구를 먼저 생각해 봅니다.

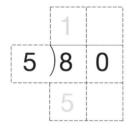 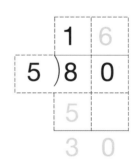

• 5×1=5에서, 8에서 5를 뺀 숫자 3을 쓰고 일의자리 0을 내려씁니다.
• 나머지 30을 곱셈구구 5단에서 찾으면 5×6= 30입니다. 그래서 몫은 16입니다.

38단계 성취도문제 정답										
❶714	❷976	❸891	❹752	❺756	❻840	❼695	❽968	❾780	❿816
⓫865	⓬959	⓭596	⓮992	⓯968	⓰959	⓱596	⓲992	⓳968	⓴888
㉑537	㉒796	㉓744	㉔828						

38단계 문장 수학 논술 문제 정답			
9. 식 185×4 답 740	10. 식 4×179 답 716	11. 식 5×125 답 625	12. 식 148×5 답 740

39단계 종합 성적

참 잘했어요!	잘했어요!	열심히 했어요!
틀린 개수 0~2개	틀린 개수 3~5개	틀린 개수 6개 이상

● 학습 일정 관리표 ●

	정답수	오답수	공부한 날	확인
39-01호				
39-02호				
39-03호				
39-04호				
39-05호				
39-06호				
39-07호				
39-08호				

• 엄마와 함께 공부하면서 아이가 직접 써 나가도록 지도해 주세요.

• 틀린 개수를 확인하고 왜 틀렸는지 다시 한번 내용을 확인해 주세요.

■ 다음 나눗셈을 하시오.

❶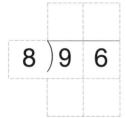

❷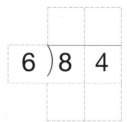

❸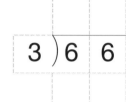

❹

❺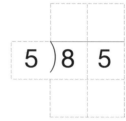

❻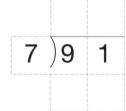

❼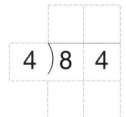

❽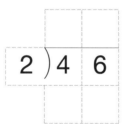

❾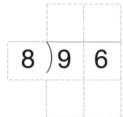

❿
$7 \overline{)9\ 1}$

⓫
$8 \overline{)9\ 6}$

⓬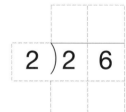

재미있게 공부 하는 문장 수학 논술 문제	13. 사탕 93개를 3명이 똑같이 나누어 먹으려고 합니다. 1명이 몇 개 씩 먹을 수 있습니까?

■ 다음 나눗셈을 하시오.

❶
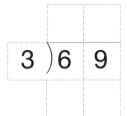
$3\,\overline{)6\;9}$

❷
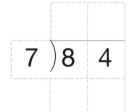
$7\,\overline{)8\;4}$

❸
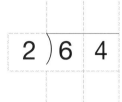
$2\,\overline{)6\;4}$

❹
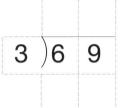
$3\,\overline{)6\;9}$

❺

$4\,\overline{)9\;6}$

❻

$5\,\overline{)9\;5}$

❼
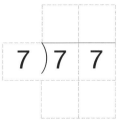
$7\,\overline{)7\;7}$

❽
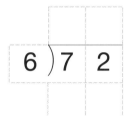
$6\,\overline{)7\;2}$

❾

$6\,\overline{)8\;4}$

❿
$2\,\overline{)7\;4}$

⓫
$4\,\overline{)7\;2}$

⓬
$3\,\overline{)6\;9}$

식을 세워 보자! _____

정답 : (   )

■ 다음 나눗셈을 하시오.

❶
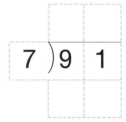

$7 \overline{)91}$

❷
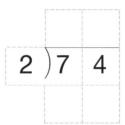

$2 \overline{)74}$

❸
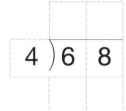

$4 \overline{)68}$

❹
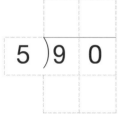

$5 \overline{)90}$

❺
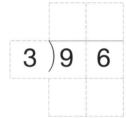

$3 \overline{)96}$

❻

$2 \overline{)86}$

❼

$3 \overline{)81}$

❽
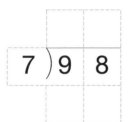

$7 \overline{)98}$

❾

$3 \overline{)63}$

❿

$5 \overline{)70}$

⓫
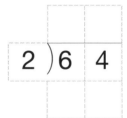

$2 \overline{)64}$

⓬
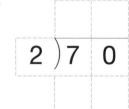

$2 \overline{)70}$

재미있게 공부
하는 문장 수학
논술 문제

14. 길이가 84cm인 리본을 똑같은 길이로 7도막이 되게 잘랐습니다.
    한 도막은 몇 cm입니까?

■ 다음 나눗셈을 하시오.

❶
$$2 \overline{)8\ 2}$$

❷
$$2 \overline{)6\ 8}$$

❸
$$3 \overline{)7\ 5}$$

❹
$$4 \overline{)6\ 0}$$

❺
$$5 \overline{)5\ 5}$$

❻
$$4 \overline{)9\ 6}$$

❼
$$7 \overline{)8\ 4}$$

❽
$$5 \overline{)8\ 0}$$

❾
$$2 \overline{)6\ 8}$$

❿
$$6 \overline{)7\ 8}$$

⓫
$$4 \overline{)9\ 2}$$

⓬
$$5 \overline{)7\ 0}$$

식을 세워 보자! _____

정답 : (   )

■ 다음 나눗셈을 하시오.

❶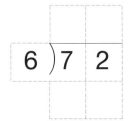

❷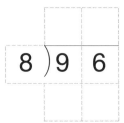

❸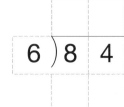

❹

❺

❻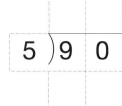

❼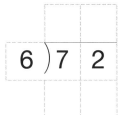

❽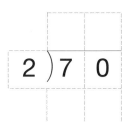

❾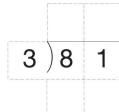

❿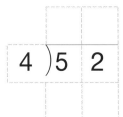

⓫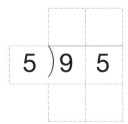

⓬

재미있게 공부 하는 문장 수학 논술 문제	15. 순영이네 반 학생은 70명입니다. 이 학생들을 똑같이 5조로 나누 어 운동을 하려고 합니다. 한 조에 들어가는 학생은 몇 명입니까?

다음 나눗셈을 하시오.

❶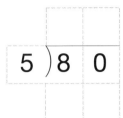

❷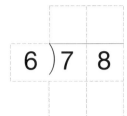

❸

❹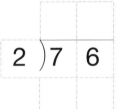

❺

❻

❼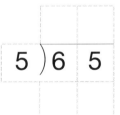

❽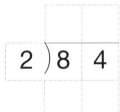

❾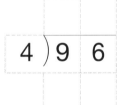

❿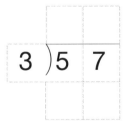

⓫

5) 9 0

⓬

4) 8 8

식을 세워 보자! _____

정답 : (   )

■ 다음 나눗셈을 하시오.

❶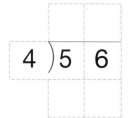

❷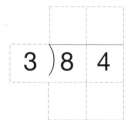

❸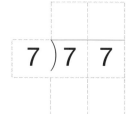

❹

❺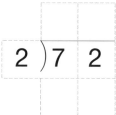

❻

❼
6)9 0

❽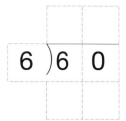

❾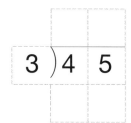

❿
6)6 0

⓫
3)4 5

⓬
7)6 3

재미있게 공부 하는 문장 수학 논술 문제	16. 초코파이 76개를 2개의 접시에 똑같이 나누어 담으려고 합니다. 한 접시에 몇 개씩 담아야 합니까?

다음 나눗셈을 하시오.

①

$$2 \overline{)9\ 4}$$

②

$$4 \overline{)9\ 6}$$

③

$$7 \overline{)8\ 4}$$

④

$$4 \overline{)8\ 4}$$

⑤

$$5 \overline{)9\ 0}$$

⑥

$$5 \overline{)6\ 5}$$

⑦

$$6 \overline{)8\ 4}$$

⑧

$$2 \overline{)8\ 2}$$

⑨

$$4 \overline{)8\ 0}$$

⑩

$$6 \overline{)7\ 2}$$

⑪

$$5 \overline{)8\ 5}$$

⑫

$$6 \overline{)6\ 6}$$

식을 세워 보자! _____

정답 : (　　　　　　　　　)

■ 다음 나눗셈을 하시오.

❶
$5\,)\overline{9\;0}$

❷
$2\,)\overline{6\;6}$

❸
$7\,)\overline{7\;7}$

❹
$4\,)\overline{8\;0}$

❺
$3\,)\overline{9\;3}$

❻
$4\,)\overline{7\;6}$

❼
$5\,)\overline{7\;0}$

❽
$6\,)\overline{6\;0}$

❾
$6\,)\overline{9\;6}$

❿
$2\,)\overline{6\;8}$

⓫
$6\,)\overline{7\;2}$

⓬
$8\,)\overline{8\;8}$

⓭
$7\,)\overline{7\;0}$

⓮
$5\,)\overline{7\;0}$

⓯
$4\,)\overline{8\;8}$

⑯ 5) 8 0

⑰ 2) 6 4

⑱ 4) 9 2

⑲ 3) 8 4

⑳ 4) 6 0

㉑ 3) 5 1

㉒ 2) 5 6

㉓ 2) 3 2

㉔ 3) 5 4

**테스트
결과표**

성취도 테스트 문제는 앞 장의 공부가 끝나고 얼마나 정확하고 빠르게 습득했는
지를 알아보기 위한 확인과정의 테스트입니다.
아이가 무엇을 이해 못하는지 어느 부분에서 실수를 하는지 보완하고 잡아주기
위한 자료로 활용하시면 아이에게 큰 도움이 될 것입니다.

정답수	24문제	21문제	18문제	18문제 이하
성취도	**아주 잘함**	**잘함**	**보통**	**부족함**

※ 정답은 뒷장에 있습니다.

나머지가 있는

두 자리 수 ÷ 한 자리 수

지도 내용
- 나머지가 있는 나눗셈은 곱셈 구구단의 범위에서 나눗셈의 몫을 구합니다. 구구단을 알고 있으면 쉽게 풀 수 있습니다.

풀이 내용
- 나머지가 있는 나눗셈은 곱셈 구구를 먼저 생각해 봅니다.

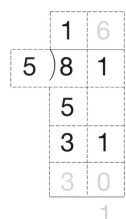

- 5×1=5에서, 8에서 5를 뺀 숫자 3을 십의 자리에 쓰고 1은 내려 씁니다.
- 나머지 31을 곱셈구구 5단에서 찾으면 5×6= 30입니다.
  그래서 31-30=1이므로 몫은 16이고 나머지는 1입니다.

39단계 성취도문제 정답									
❶18	❷33	❸11	❹20	❺31	❻19	❼14	❽10	❾16	❿34
⓫12	⓬11	⓭10	⓮14	⓯22	⓰16	⓱32	⓲23	⓳28	⓴15
㉑17	㉒28	㉓16	㉔18						

39단계 문장 수학 논술 문제 정답			
13. 식 93÷3 답 31	14. 식 84÷7 답 12	15. 식 70÷5 답 14	16. 식 76÷2 답 38

나머지가 있는

두 자리 수 ÷ 한 자리 수

40단계

기 | 초 | 편

40단계 종합 성적

참 잘했어요!	잘했어요!	열심히 했어요!
틀린 개수 0~2개	틀린 개수 3~5개	틀린 개수 6개 이상

● 학습 일정 관리표 ●

	정답수	오답수	공부한 날	확 인
40-01호				
40-02호				
40-03호				
40-04호				
40-05호				
40-06호				
40-07호				
40-08호				

• 엄마와 함께 공부하면서 아이가 직접 써 나가도록 지도해 주세요.

• 틀린 개수를 확인하고 왜 틀렸는지 다시 한번 내용을 확인해 주세요.

■ 다음 나눗셈을 하시오.

❶
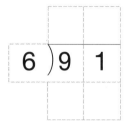
6) 9 1

❷
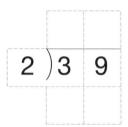
2) 3 9

❸
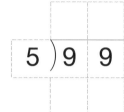
5) 9 9

❹
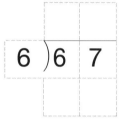
6) 6 7

❺
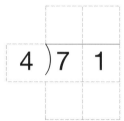
4) 7 1

❻
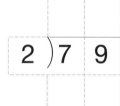
2) 7 9

❼
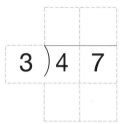
3) 4 7

❽
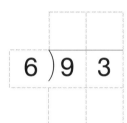
6) 9 3

❾
2) 4 1

❿
6) 7 9

⓫
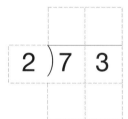
2) 7 3

⓬
3) 7 9

재미있게 공부하는 문장 수학 논술 문제	17. 카드 96장을 5장씩 나누어 주려고 합니다. 몇 명에게 나누어 줄 수가 있고 남은 카드는 몇 장일까요?

■ 다음 나눗셈을 하시오.

❶ 7) 8 3

❷ 3) 8 0

❸ 6) 8 8

❹ 7) 8 2

❺ 6) 8 2

❻ 4) 8 7

❼ 3) 7 0

❽ 3) 4 4

❾ 4) 9 5

❿ 8) 9 2

⓫ 7) 9 7

⓬ 5) 6 7

식을 세워 보자! _____

정답 : (   )

나머지가 있는

두 자리 수 ÷ 한 자리 수

■ 다음 나눗셈을 하시오.

❶
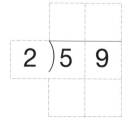
$$2 \overline{)5\ 9}$$

❷
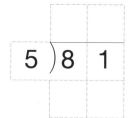
$$5 \overline{)8\ 1}$$

❸
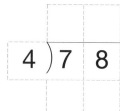
$$4 \overline{)7\ 8}$$

❹

$$5 \overline{)9\ 4}$$

❺
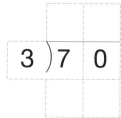
$$3 \overline{)7\ 0}$$

❻
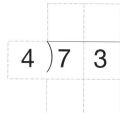
$$4 \overline{)7\ 3}$$

❼
$$3 \overline{)3\ 7}$$

❽
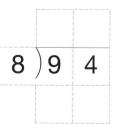
$$8 \overline{)9\ 4}$$

❾
$$6 \overline{)8\ 2}$$

❿
$$4 \overline{)7\ 5}$$

⓫
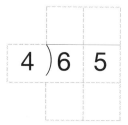
$$4 \overline{)6\ 5}$$

⓬
$$7 \overline{)9\ 5}$$

재미있게 공부 하는 문장 수학 논술 문제	18. 김밥 70개를 도시락 하나에 6개씩 담으려고 합니다. 도시락은 모두 몇 개가 있어야 하고, 몇 개의 김밥이 남을까요?

■ 다음 나눗셈을 하시오.

❶
$3 \overline{)8\ 2}$

❷
$2 \overline{)5\ 3}$

❸
$2 \overline{)3\ 9}$

❹
$2 \overline{)4\ 3}$

❺
$3 \overline{)9\ 7}$

❻
$4 \overline{)8\ 9}$

❼
$5 \overline{)7\ 8}$

❽
$4 \overline{)7\ 1}$

❾
$4 \overline{)8\ 2}$

❿
$4 \overline{)7\ 7}$

⓫
$3 \overline{)9\ 1}$

⓬
$6 \overline{)9\ 2}$

식을 세워 보자! _____

정답 : (   )

나머지가 있는
두 자리 수 ÷ 한 자리 수

■ 다음 나눗셈을 하시오.

❶
$$4\overline{)9\;3}$$

❷
$$3\overline{)9\;4}$$

❸
$$2\overline{)4\;9}$$

❹
$$2\overline{)4\;3}$$

❺
$$4\overline{)7\;4}$$

❻
$$4\overline{)6\;5}$$

❼
$$4\overline{)7\;7}$$

❽
$$3\overline{)9\;7}$$

❾
$$4\overline{)7\;3}$$

❿
$$6\overline{)9\;3}$$

⓫
$$4\overline{)5\;3}$$

⓬
$$8\overline{)9\;0}$$

재미있게 공부 하는 문장 수학 논술 문제	19. 74cm의 줄을 5cm씩 잘라 리본을 만들려고 합니다. 리본은 모두 몇 개가 되고, 줄은 몇 cm가 남을까요?

■ 다음 나눗셈을 하시오.

❶
$$4 \,)\overline{9\ \ 7}$$

❷
$$3 \,)\overline{3\ \ 5}$$

❸
$$3 \,)\overline{6\ \ 8}$$

❹
$$4 \,)\overline{4\ \ 7}$$

❺
$$3 \,)\overline{9\ \ 2}$$

❻
$$7 \,)\overline{8\ \ 8}$$

❼
$$2 \,)\overline{4\ \ 9}$$

❽
$$7 \,)\overline{9\ \ 4}$$

❾
$$4 \,)\overline{5\ \ 1}$$

❿
$$5 \,)\overline{5\ \ 9}$$

⓫
$$6 \,)\overline{7\ \ 7}$$

⓬
$$3 \,)\overline{6\ \ 2}$$

식을 세워 보자! _____

정답 : (   )

40-07

두 자리 수 ÷ 한 자리 수

■ 다음 나눗셈을 하시오.

❶
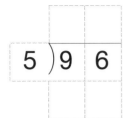
$5\,)\,9\;6$

❷
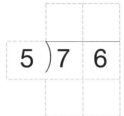
$5\,)\,7\;6$

❸

$6\,)\,7\;9$

❹
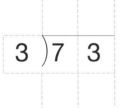
$3\,)\,7\;3$

❺

$2\,)\,5\;3$

❻

$5\,)\,6\;7$

❼
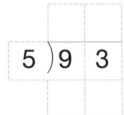
$5\,)\,7\;4$

❽
$4\,)\,6\;7$

❾
$3\,)\,7\;7$

❿
$4\,)\,7\;1$

⓫
$5\,)\,9\;3$

⓬
$4\,)\,7\;3$

재미있게 공부 하는 문장 수학 논술 문제	20. 호동이는 98쪽인 동화책을 5일 동안 똑같이 읽을 계획입니다. 하루에 몇 쪽 씩 읽어야 되고 남는 쪽 수는 얼마일까요?

■ 다음 나눗셈을 하시오.

❶ 5) 6　7

❷ 8) 9　0

❸ 8) 9　7

❹ 3) 7　4

❺ 7) 9　3

❻ 4) 8　9

❼ 6) 9　4

❽ 2) 6　1

❾ 4) 5　7

❿ 7) 9　0

⓫ 3) 8　2

⓬ 8) 9　3

식을 세워 보자! _____

정답 : (　　　　　　　　)

다음 나눗셈을 하시오.

❶ 3) 8 2

❷ 5) 5 3

❸ 4) 7 4

❹ 6) 7 9

❺ 7) 8 5

❻ 2) 8 5

❼ 3) 8 8

❽ 6) 7 3

❾ 4) 7 3

❿ 6) 8 5

⓫ 3) 7 4

⓬ 5) 5 6

⓭ 2) 8 7

⓮ 7) 9 2

⓯ 4) 6 9

⑯ 6) 7 9

⑰ 4) 8 9

⑱ 6) 9 1

⑲ 4) 9 1

⑳ 3) 8 8

㉑ 3) 4 6

㉒ 3) 9 8

㉓ 4) 7 7

㉔ 5) 7 1

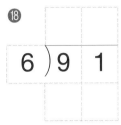

테스트
결과표

성취도 테스트 문제는 앞 장의 공부가 끝나고 얼마나 정확하고 빠르게 습득했는지를 알아보기 위한 확인과정의 테스트입니다.

아이가 무엇을 이해 못하는지 어느 부분에서 실수를 하는지 보완하고 잡아주기 위한 자료로 활용하시면 아이에게 큰 도움이 될 것입니다.

정답수	24문제	21문제	18문제	18문제 이하
성취도	아주 잘함	잘함	보통	부족함

40단계 성취도문제 정답	❶27…1 ❷10…3 ❸18…2 ❹13…1 ❺12…1 ❻42…1 ❼29…1 ❽12…1 ❾18…1 ❿14…1 ⓫24…2 ⓬11…1 ⓭43…1 ⓮13…1 ⓯17…1 ⓰13…1 ⓱22…1 ⓲15…1 ⓳22…3 ⓴29…1 ㉑15…1 ㉒32…2 ㉓19…1 ㉔14…1

40단계 문장 수학 논술 문제 정답	17.식 96÷5 답 19…1	18.식 70÷6 답 11…4	19.식 74÷5 답 14…4	20.식 98÷5 답 19…3

01 | 종합문제

■ 다음 문제를 계산 하시오.

❶ $57 \times 5 =$

⓫ $66 \div 3 =$

❷ $77 \times 7 =$

⓬ $85 \div 5 =$

❸ $23 \times 5 =$

⓭ $84 \div 7 =$

❹ $92 \times 8 =$

⓮ $95 \div 5 =$

❺ $27 \times 8 =$

⓯ $132 \times 7 =$

❻ $46 \times 4 =$

⓰ $246 \times 3 =$

❼ $84 \times 3 =$

⓱ $124 \times 5 =$

❽ $43 \times 7 =$

⓲ $164 \times 5 =$

❾ $24 \times 4 =$

⓳ $177 \times 5 =$

❿ $96 \div 8 =$

⓴ $245 \times 4 =$

02 | 종합문제

■ 다음 문제를 계산 하시오.

❶ $69 \div 3 =$

❷ $90 \div 5 =$

❸ $96 \div 3 =$

❹ $70 \div 2 =$

❺ $288 \times 3 =$

❻ $125 \times 7 =$

❼ $309 \times 3 =$

❽ $467 \times 2 =$

❾ $43 \times 6 =$

❿ $55 \times 5 =$

⑪ $97 \times 8 =$

⑫ $72 \times 5 =$

⑬ $55 \times 2 =$

⑭ $83 \times 7 =$

⑮ $69 \div 6 =$

⑯ $39 \div 2 =$

⑰ $99 \div 5 =$

⑱ $83 \div 7 =$

⑲ $80 \div 3 =$

⑳ $88 \div 6 =$

03 | 종합문제

■ 다음 문제를 계산 하시오.

❶ $59 \div 2 =$

⑪ $16 \times 6 =$

❷ $81 \div 5 =$

⑫ $54 \times 5 =$

❸ $70 \div 2 =$

⑬ $29 \times 8 =$

❹ $78 \div 4 =$

⑭ $366 \times 2 =$

❺ $82 \div 3 =$

⑮ $75 \times 7 =$

❻ $317 \times 3 =$

⑯ $16 \times 7 =$

❼ $345 \times 2 =$

⑰ $82 \div 2 =$

❽ $139 \times 6 =$

⑱ $55 \div 5 =$

❾ $38 \times 93 =$

⑲ $78 \div 6 =$

❿ $36 \times 6 =$

⑳ $64 \div 4 =$

04 | 종합문제

■ 다음 문제를 계산 하시오.

❶ $29 \times 4 =$

❷ $65 \times 4 =$

❸ $26 \times 9 =$

❹ $68 \times 3 =$

❺ $75 \times 7 =$

❻ $16 \times 7 =$

❼ $53 \div 2 =$

❽ $39 \div 2 =$

❾ $93 \div 4 =$

❿ $94 \div 3 =$

⓫ $79 \times 2 =$

⓬ $32 \times 8 =$

⓭ $88 \times 9 =$

⓮ $97 \times 2 =$

⓯ $64 \times 6 =$

⓰ $55 \times 9 =$

⓱ $34 \times 6 =$

⓲ $52 \div 4 =$

⓳ $81 \div 3 =$

⓴ $65 \div 5 =$

B-2
초등수학 계산법

초등수학 수준별 능력별 계산법 프로그램

자연수의 곱셈과 나눗셈

기초편

정답

36단계 정답

기초편 01

① 285 ② 539 ③ 115 ④ 161 ⑤ 135
⑥ 414 ⑦ 664 ⑧ 108 ⑨ 468 ⑩ 264
⑪ 518 ⑫ 470

기초편 05

① 204 ② 116 ③ 175 ④ 176 ⑤ 138
⑥ 291 ⑦ 616 ⑧ 656 ⑨ 768 ⑩ 370
⑪ 222 ⑫ 260

기초편 02

① 135 ② 161 ③ 102 ④ 736 ⑤ 747
⑥ 158 ⑦ 296 ⑧ 138 ⑨ 174 ⑩ 188
⑪ 195 ⑫ 144

기초편 06

① 234 ② 204 ③ 432 ④ 445 ⑤ 372
⑥ 260 ⑦ 216 ⑧ 336 ⑨ 152 ⑩ 138
⑪ 177 ⑫ 460

기초편 03

① 256 ② 792 ③ 194 ④ 365 ⑤ 356
⑥ 228 ⑦ 215 ⑧ 498 ⑨ 665 ⑩ 288
⑪ 265 ⑫ 312

기초편 07

① 525 ② 108 ③ 130 ④ 576 ⑤ 415
⑥ 128 ⑦ 144 ⑧ 112 ⑨ 588 ⑩ 672
⑪ 192 ⑫ 100

기초편 04

① 384 ② 495 ③ 468 ④ 235 ⑤ 135
⑥ 231 ⑦ 144 ⑧ 135 ⑨ 208 ⑩ 224
⑪ 105 ⑫ 114

기초편 08

① 110 ② 392 ③ 264 ④ 423 ⑤ 343
⑥ 376 ⑦ 395 ⑧ 174 ⑨ 148 ⑩ 234
⑪ 581 ⑫ 438

기초편 01
① 513 ② 216 ③ 184 ④ 378 ⑤ 891
⑥ 252 ⑦ 222 ⑧ 174 ⑨ 424 ⑩ 268
⑪ 276 ⑫ 245

기초편 02
① 301 ② 136 ③ 651 ④ 118 ⑤ 340
⑥ 192 ⑦ 225 ⑧ 372 ⑨ 616 ⑩ 392
⑪ 182 ⑫ 243

기초편 03
① 424 ② 176 ③ 392 ④ 784 ⑤ 378
⑥ 345 ⑦ 225 ⑧ 291 ⑨ 196 ⑩ 399
⑪ 228 ⑫ 243

기초편 04
① 98 ② 104 ③ 136 ④ 234 ⑤ 162
⑥ 216 ⑦ 392 ⑧ 140 ⑨ 511 ⑩ 192
⑪ 216 ⑫ 342

기초편 05
① 112 ② 282 ③ 480 ④ 228 ⑤ 156
⑥ 462 ⑦ 270 ⑧ 232 ⑨ 342 ⑩ 265
⑪ 414 ⑫ 232

기초편 06
① 258 ② 282 ③ 315 ④ 392 ⑤ 343
⑥ 465 ⑦ 174 ⑧ 161 ⑨ 340 ⑩ 531
⑪ 738 ⑫ 344

기초편 07
① 275 ② 152 ③ 438 ④ 119 ⑤ 510
⑥ 276 ⑦ 288 ⑧ 704 ⑨ 108 ⑩ 776
⑪ 259 ⑫ 276

기초편 08
① 384 ② 168 ③ 185 ④ 528 ⑤ 266
⑥ 516 ⑦ 686 ⑧ 126 ⑨ 360 ⑩ 352
⑪ 222 ⑫ 260

기초편 **01**
❶ 924 ❷ 738 ❸ 620 ❹ 858 ❺ 708
❻ 798 ❼ 940 ❽ 915 ❾ 762 ❿ 876
⓫ 750 ⓬ 925

기초편 **05**
❶ 951 ❷ 690 ❸ 514 ❹ 952 ❺ 968
❻ 995 ❼ 935 ❽ 970 ❾ 936 ❿ 910
⓫ 944 ⓬ 858

기초편 **02**
❶ 820 ❷ 885 ❸ 980 ❹ 837 ❺ 980
❻ 730 ❼ 920 ❽ 776 ❾ 744 ❿ 972
⓫ 815 ⓬ 736

기초편 **06**
❶ 795 ❷ 970 ❸ 986 ❹ 834 ❺ 714
❻ 762 ❼ 988 ❽ 864 ❾ 984 ❿ 951
⓫ 974 ⓬ 732

기초편 **03**
❶ 772 ❷ 945 ❸ 925 ❹ 992 ❺ 695
❻ 796 ❼ 670 ❽ 984 ❾ 762 ❿ 931
⓫ 732 ⓬ 889

기초편 **07**
❶ 732 ❷ 858 ❸ 704 ❹ 700 ❺ 916
❻ 759 ❼ 885 ❽ 825 ❾ 975 ❿ 875
⓫ 925 ⓬ 858

기초편 **04**
❶ 988 ❷ 798 ❸ 868 ❹ 744 ❺ 996
❻ 920 ❼ 885 ❽ 702 ❾ 970 ❿ 836
⓫ 968 ⓬ 812

기초편 **08**
❶ 888 ❷ 828 ❸ 796 ❹ 916 ❺ 970
❻ 934 ❼ 927 ❽ 980 ❾ 940 ❿ 972
⓫ 910 ⓬ 954

기초편 01
① 12　② 14　③ 22　④ 21　⑤ 17
⑥ 13　⑦ 21　⑧ 23　⑨ 14　⑩ 13
⑪ 12　⑫ 13

기초편 05
① 12　② 12　③ 14　④ 14　⑤ 16
⑥ 18　⑦ 12　⑧ 35　⑨ 27　⑩ 13
⑪ 19　⑫ 21

기초편 02
① 23　② 12　③ 32　④ 23　⑤ 24
⑥ 19　⑦ 11　⑧ 12　⑨ 14　⑩ 37
⑪ 18　⑫ 23

기초편 06
① 16　② 13　③ 21　④ 38　⑤ 14
⑥ 17　⑦ 13　⑧ 42　⑨ 24　⑩ 19
⑪ 18　⑫ 22

기초편 03
① 13　② 37　③ 17　④ 18　⑤ 32
⑥ 43　⑦ 27　⑧ 14　⑨ 21　⑩ 14
⑪ 32　⑫ 35

기초편 07
① 14　② 28　③ 11　④ 12　⑤ 36
⑥ 23　⑦ 15　⑧ 19　⑨ 23　⑩ 10
⑪ 15　⑫ 9

기초편 04
① 41　② 34　③ 25　④ 15　⑤ 11
⑥ 24　⑦ 12　⑧ 16　⑨ 34　⑩ 13
⑪ 23　⑫ 14

기초편 08
① 47　② 24　③ 12　④ 21　⑤ 18
⑥ 13　⑦ 14　⑧ 41　⑨ 20　⑩ 12
⑪ 17　⑫ 11

기초편 01
❶ 15…1 ❷ 19…1 ❸ 19…4 ❹ 11…1
❺ 17…3 ❻ 39…1 ❼ 15…2 ❽ 15…3
❾ 20…1 ❿ 13…1 ⓫ 36…1 ⓬ 26…1

기초편 05
❶ 23…1 ❷ 31…1 ❸ 24…1 ❹ 21…1
❺ 18…2 ❻ 16…1 ❼ 19…1 ❽ 32…1
❾ 18…1 ❿ 15…3 ⓫ 13…1 ⓬ 11…2

기초편 02
❶ 11…6 ❷ 26…2 ❸ 14…4 ❹ 11…5
❺ 13…4 ❻ 21…3 ❼ 23…1 ❽ 14…2
❾ 23…3 ❿ 11…4 ⓫ 13…6 ⓬ 13…2

기초편 06
❶ 24…1 ❷ 11…2 ❸ 22…2 ❹ 11…3
❺ 30…2 ❻ 12…4 ❼ 24…1 ❽ 13…3
❾ 12…3 ❿ 11…4 ⓫ 12…5 ⓬ 20…2

기초편 03
❶ 29…1 ❷ 16…1 ❸ 19…2 ❹ 18…4
❺ 23…1 ❻ 18…1 ❼ 12…1 ❽ 11…6
❾ 13…4 ❿ 18…3 ⓫ 16…1 ⓬ 13…4

기초편 07
❶ 19…1 ❷ 15…1 ❸ 13…1 ❹ 24…1
❺ 26…1 ❻ 13…2 ❼ 14…4 ❽ 16…3
❾ 25…2 ❿ 17…3 ⓫ 18…3 ⓬ 18…1

기초편 04
❶ 27…1 ❷ 26…1 ❸ 19…1 ❹ 21…1
❺ 32…1 ❻ 22…1 ❼ 15…3 ❽ 17…3
❾ 20…2 ❿ 19…1 ⓫ 30…1 ⓬ 15…2

기초편 08
❶ 13…2 ❷ 11…2 ❸ 12…1 ❹ 24…2
❺ 13…2 ❻ 22…1 ❼ 15…4 ❽ 30…1
❾ 14…1 ❿ 12…6 ⓫ 27…1 ⓬ 11…5

종합문제 정답

기초편 01

❶ 285　❷ 539　❸ 115　❹ 736　❺ 216　❻ 184　❼ 252

❽ 301　❾ 96　❿ 12　⓫ 22　⓬ 17　⓭ 12　⓮ 19

⓯ 924　⓰ 738　⓱ 620　⓲ 820　⓳ 885　⓴ 980

기초편 02

❶ 23　❷ 18　❸ 32　❹ 35　❺ 864　❻ 875　❼ 927

❽ 934　❾ 258　❿ 275　⓫ 776　⓬ 360　⓭ 110　⓮ 581

⓯ 11…3　⓰ 19…1　⓱ 19…4　⓲ 11…6　⓳ 26…2　⓴ 14…4

기초편 03

❶ 29…1　❷ 16…1　❸ 35　❹ 19…2　❺ 27…1　❻ 951　❼ 690

❽ 834　❾ 3534　❿ 216　⓫ 96　⓬ 270　⓭ 232　⓮ 732

⓯ 525　⓰ 112　⓱ 41　⓲ 11　⓳ 13　⓴ 16

기초편 04

❶ 116　❷ 260　❸ 234　❹ 204　❺ 525　❻ 112　❼ 26…1

❽ 19…1　❾ 23…1　❿ 31…1　⓫ 158　⓬ 256　⓭ 792　⓮ 194

⓯ 384　⓰ 495　⓱ 204　⓲ 13　⓳ 27　⓴ 13